四川省工程建设地方标准

四川省预制装配式自保温混凝土外墙板生产、施工与质量验收标准

Production, construction and quality acceptance standard for the precast assembled self insulating concrete exterior wall panel in Sichuan Province

DBJ51/T 111 – 2019

主编部门：　四 川 省 住 房 和 城 乡 建 设 厅
批准部门：　四 川 省 住 房 和 城 乡 建 设 厅
施行日期：　2 0 1 9 年 7 月 1 日

西南交通大学出版社

2019　成　都

图书在版编目（CIP）数据

四川省预制装配式自保温混凝土外墙板生产、施工与质量验收标准 /成都市土木建筑学会，成都建工第六建筑工程有限公司主编. —成都：西南交通大学出版社，2019.5
（四川省工程建设地方标准）
ISBN 978-7-5643-6668-1

Ⅰ. ①四… Ⅱ. ①成… ②成… Ⅲ. ①装配式混凝土结构－预制结构－保温板－墙板－技术标准－四川 Ⅳ. ①TU756.4-65

中国版本图书馆 CIP 数据核字（2018）第 290925 号

四川省工程建设地方标准

四川省预制装配式自保温混凝土外墙板生产、施工与质量验收标准

主编单位 成都市土木建筑学会
成都建工第六建筑工程有限公司

责任编辑	姜锡伟
封面设计	原谋书装
出版发行	西南交通大学出版社 （四川省成都市金牛区二环路北一段 111 号 西南交通大学创新大厦 21 楼）
发行部电话	028-87600564　028-87600533
邮政编码	610031
网址	http: //www.xnjdcbs.com
印刷	成都蜀通印务有限责任公司
成品尺寸	140 mm × 203 mm
印张	2
字数	48 千
版次	2019 年 5 月第 1 版
印次	2019 年 5 月第 1 次
书号	ISBN 978-7-5643-6668-1
定价	24.00 元

各地新华书店、建筑书店经销

关于发布工程建设地方标准《四川省预制装配式自保温混凝土外墙板生产、施工与质量验收标准》的通知

川建标发〔2019〕150号

各市州及扩权试点县住房城乡建设行政主管部门，各有关单位：

由成都市土木建筑学会、成都建工第六建筑工程有限公司主编的《四川省预制装配式自保温混凝土外墙板生产、施工与质量验收标准》已经我厅组织专家审查通过，现批准为四川省推荐性工程建设地方标准，编号为DBJ51/T 111－2019，自2019年7月1日起在全省实施。

该标准由四川省住房和城乡建设厅负责管理，成都市土木建筑学会负责技术内容解释。

四川省住房和城乡建设厅

2019年3月12日

前　言

根据四川省住房和城乡建设厅《关于下达四川省工程建设地方标准〈四川省预制装配式自保温混凝土外墙板生产、施工与质量验收标准〉编制计划的通知》(川建标发〔2017〕602号)的要求，成都市土木建筑学会、成都建工第六建筑工程有限公司会同有关单位经调查研究，认真总结实践经验，参考有关国内相关标准，并在广泛征求意见的基础上制定完成本标准。

本标准共分7章，主要技术内容包括：总则、术语、基本规定、材料、生产、施工、质量验收。

本标准由四川省住房和城乡建设厅负责管理，由成都市土木建筑学会负责具体技术内容的解释工作。各单位在执行过程中，请将有关意见或建议反馈给成都市土木建筑学会（地址：成都市青羊区长顺下街139号1栋2214号；邮编：610031；电话：028-86243990；邮箱：21430766@qq.com），以供今后修订时参考。

主编单位： 成都市土木建筑学会
成都建工第六建筑工程有限公司

参编单位： 四川省建材工业科学研究院
成都市墙材革新建筑节能办公室
成都建工工业化建筑有限公司
成都建工预筑科技有限公司
成都建工工业设备安装有限公司
成都市建设工程质量监督站
成都市建筑设计研究院

主要起草人：张　静　黄　良　李　维　刘　宏
冯身强　陈家利　秦　钢　何　磊
刘　佳　张仕忠　刘　民　车汪速
陈　翔　江成贵　胡　笳　张　毅
李　锋　曾宪友　佘金波　梁　虹
马德云　陈佩佩　范晓玲

主要审查人：张　瀑　任兆祥　王其贵　冯　雅
尤亚平　任志平　于　忠

目　次

Contents

1 总 则

1.0.1 为贯彻执行国家的技术经济政策，规范预制装配式自保温混凝土外墙板的生产、施工及质量验收，做到技术先进、经济合理、保证质量、安全适用、绿色环保，制定本标准。

1.0.2 本标准适用于四川省民用建筑抗震设防烈度为 8 度及 8 度以下地区的预制装配式自保温混凝土外墙板的生产、施工和质量验收。

1.0.3 预制装配式自保温混凝土外墙板除应符合本标准规定外，还应满足现行国家标准《混凝土结构工程施工质量验收规范》GB 50204、《民用建筑工程室内环境污染控制规范》GB 50325、《装配式混凝土建筑技术标准》GB/T 51231，现行行业标准《装配式混凝土结构技术规程》JGJ 1 和现行地方标准《四川省建筑工业化混凝土预制构件制作、安装及质量验收规程》DBJ51/T 008 的有关要求。

2 术 语

2.0.1 预制装配式自保温混凝土外墙板 precast assembled self-insulation concrete exterior wall panel

中间夹有保温层的预制混凝土外墙板，通过可靠连接的方式装配而成。一般包括预制自保温混凝土墙承重板、预制自保温混凝土墙非承重板和预制混凝土外墙模板。

由两层混凝土层和内置的保温层通过保温连接件组合而成，面向有保温要求区域的墙板称为内叶板，面向无保温要求区域的墙板称为外叶板。

2.0.2 预制自保温混凝土墙承重板 precast self-insulation concrete bearing wall panel

通过可靠连接的方式装配而成，安装在主体结构上，承受上部结构传递竖向荷载的预制墙板，本身也是主体结构的一部分。一般通过钢筋套筒灌浆或钢筋浆锚搭接与主体结构进行连接。

2.0.3 预制自保温混凝土墙非承重板 non-load bearing panel of precast self-insulation concrete wall

主要起围护、装饰作用，在工厂或现场预先制作，不承受上部结构传递竖向荷载的预制墙板。一般通过螺栓或焊接与主体结构进行连接。

2.0.4 预制混凝土外墙模板 precast concrete formwork of exterior wall

作为竖向构件外侧模板，由外叶混凝土层和保温层通过保温连接件组合而成。

2.0.5 保温连接件 thermal insulation connector

用于连接预制装配式自保温混凝土外墙板混凝土层及保温层，加强墙板整体性的构件。连接件材料一般采用不锈钢或纤维增强塑料。

2.0.6 钢筋套筒灌浆连接 grout sleeve splicing of rebars

在金属套筒中插入单根带肋钢筋并注入灌浆料拌合物，通过拌合物硬化形成整体并实现传力的钢筋对接连接方式。

2.0.7 钢筋连接用灌浆套筒 the grouting coupler

通过水泥基灌浆料的传力作用将钢筋对接连接所用的金属套筒。通常采用铸造工艺或者机械加工工艺制造。

2.0.8 钢筋浆锚搭接连接 rebar lapping in grout-filled hole

在预制混凝土构件中预留孔道，在孔道中插入需搭接的钢筋，并灌注水泥基灌浆料而实现的钢筋搭接连接方式。

3 基本规定

3. 0. 1 预制装配式自保温混凝土外墙板宜采用结构、保温、装饰等一体化设计，并与相关机电专业及施工措施协调。

3. 0. 2 预制装配式自保温混凝土外墙板的设计、制作和施工过程宜采用建筑信息模型（BIM）技术。

3. 0. 3 预制装配式自保温混凝土外墙板在生产前应结合生产、运输、施工等完成深化设计。保温连接件的设计文件应由设计单位完成或复核认可。

3. 0. 4 预制装配式自保温混凝土外墙板的内、外叶板均应采用厚度不小于 50 mm 的混凝土板。

4 材 料

4.1 一般规定

4.1.1 混凝土、钢筋和钢材的力学性能指标和耐久性要求等应符合现行国家标准《混凝土结构设计规范》GB 50010 和《钢结构设计规范》GB 50017 的规定。其他材质的预埋件应符合相应产品标准的规定。

4.1.2 预制装配式自保温混凝土外墙板使用的保温连接件应符合下列要求：

1 保温连接件应具有设计规定的承载力、变形和耐久性能，并经过试验验证；

2 保温连接件应满足自保温混凝土外墙的节能设计要求。

4.1.3 同一工程项目的预制装配式自保温混凝土外墙板所使用的保温连接件宜由同一厂家提供同一系列的产品。

4.1.4 保温连接件应有型式检验报告，型式检验的结果应满足设计要求和相关国家和四川省现行标准的规定，型式检验报告应在有效期内。

4.1.5 保温连接件的进厂检验应符合现行国家标准《装配式混凝土建筑技术标准》GB/T 51231 的相关规定。

4.2 混凝土、钢筋和预埋件

4.2.1 预制装配式自保温混凝土外墙板的混凝土强度等级应符合设计要求，且不应低于 C30。

4.2.2 钢筋焊接网应符合现行行业标准《钢筋焊接网混凝土结构技术规程》JGJ 114 的规定。

4.2.3 预制装配式自保温混凝土外墙板的吊环应采用未经冷加工的 HPB300 级钢筋制作。吊装用内埋式螺母或吊杆的材料应符合国家及四川省现行标准的规定。

4.3 保温材料

4.3.1 预制装配式自保温混凝土外墙板中的保温材料，其导热系数不宜大于 0.040 W/(m·K)，吸水率不宜大于 2%，燃烧性能不应低于现行国家标准《建筑材料及制品燃烧性能分级》GB 8624 中 B_2 级的要求。

4.3.2 预制装配式自保温混凝土外墙板所用保温材料性能指标应符合下列规定：

1 挤塑聚苯乙烯板（XPS）应符合现行国家标准《绝热用挤塑聚苯乙烯泡沫塑料（XPS）》GB/T 10801.2 的相关规定。其规格尺寸允许偏差应符合表 4.3.2-1 的规定，物理机械性能应符合表 4.3.2-2 的规定。

表 4.3.2-1 挤塑聚苯乙烯板规格尺寸允许偏（mm）

长度和宽度		厚度		对角线差	
尺寸	允许偏差	尺寸	允许偏差	尺寸	对角线差
<1 000	± 5	<50	± 2	<1 000	5
1 000 ~ 2 000	± 7.5			1 000 ~ 2 000	7
≥2 000	± 10	≥50	± 3	≥2 000	13

表 4.3.2-2　挤塑聚苯乙烯板物理机械性能

<table>
<tr><td rowspan="3" colspan="3">项目</td><td rowspan="3">单位</td><td colspan="7">性能指标</td></tr>
<tr><td colspan="5">带表皮</td><td colspan="2">不带表皮</td></tr>
<tr><td>X150</td><td>X200</td><td>X250</td><td>X300</td><td>X350</td><td>W200</td><td>W300</td></tr>
<tr><td colspan="3">压缩强度</td><td>kPa</td><td>≥150</td><td>≥200</td><td>≥250</td><td>≥300</td><td>≥350</td><td>≥200</td><td>≥300</td></tr>
<tr><td colspan="3">吸水率（%），浸水96 h，体积分数</td><td></td><td>≤1.5</td><td colspan="4">≤1.0</td><td>≤2.0</td><td>≤1.5</td></tr>
<tr><td colspan="3">透湿系数，23 °C ± 1 °C，RH50% ± 5%</td><td>ng/（m · s · Pa）</td><td>≤3.5</td><td colspan="4">≤3.0</td><td>≤3.5</td><td>≤3.0</td></tr>
<tr><td rowspan="4">绝热性能</td><td rowspan="2">热阻厚度25 mm时平均厚度</td><td>10 °C</td><td rowspan="2">（m² · K）/W</td><td colspan="5">≥0.89</td><td>≥0.76</td><td>≥0.83</td></tr>
<tr><td>25 °C</td><td colspan="5">≥0.83</td><td>≥0.71</td><td>≥0.78</td></tr>
<tr><td rowspan="2">导热系数平均温度</td><td>10 °C</td><td rowspan="2">W/（m · K）</td><td colspan="5">≤0.028</td><td>≤0.033</td><td>≤0.030</td></tr>
<tr><td>25 °C</td><td colspan="5">≤0.030</td><td>≤0.035</td><td>≤0.032</td></tr>
<tr><td colspan="3">尺寸稳定性（%），70 °C ± 2 °C下，48h</td><td></td><td>≤2.0</td><td colspan="4">≤1.5</td><td>≤2.0</td><td>≤1.5</td></tr>
<tr><td colspan="3">容重</td><td>kg/m³</td><td colspan="7">≥25，且不宜大于32</td></tr>
</table>

2　其他材料保温板的几何尺寸偏差和物理机械性能应符合国家和四川省现行有关标准的规定。

4.3.3　保温材料进厂检验应符合现行国家标准《装配式混凝土建筑技术标准》GB/T 51231 的有关要求。

4.4　构件安装连接材料

4.4.1　预制装配式自保温混凝土外墙板钢筋使用灌浆套筒进行

安装连接的，灌浆套筒应符合现行行业标准《钢筋连接用灌浆套筒》JG/T 398、《钢筋套筒灌浆连接技术应用规程》JGJ 355 的规定。对于半灌浆套筒连接，机械连接端的加工应符合现行行业标准《钢筋机械连接技术规程》JGJ 107 的规定。

4.4.2 灌浆套筒灌浆端最小内径与连接钢筋公称直径的差值不宜小于表 4.4.2 规定的数值。

表 4.4.2 灌浆套筒灌浆端最小内径尺寸要求

钢筋直径（mm）	套筒灌浆端最小内径与连接钢筋公称直径最小差值（mm）
12 ~ 25	10
28 ~ 40	15

4.4.3 预制装配式自保温混凝土外墙板使用灌浆套筒进行安装连接的，灌浆料应符合《钢筋连接用套筒灌浆料》JG/T 408、《钢筋套筒灌浆连接技术应用规程》JGJ 355 的要求。

4.4.4 灌浆套筒连接用灌浆料的抗压强度应符合表 4.4.4 的规定，且不应低于接头设计要求的灌浆料抗压强度。

表 4.4.4 灌浆套筒连接用灌浆料抗压强度要求

时间（龄期）	抗压强度（MPa）
1 d	≥35
2 d	≥60
28 d	≥85

4.4.5 灌浆套筒连接用灌浆料的竖向膨胀率应符合表 4.4.5 的规定。

表 4.4.5 灌浆套筒连接用灌浆料竖向膨胀率要求

项目	竖向膨胀率（%）
3 h	≥0.02
24 h 与 3 h 差值	0.02 ~ 0.50

4.4.6 灌浆套筒连接用灌浆料拌合物的工作性能应符合表 4.4.6 的规定，泌水率试验方法应符合现行国家标准《普通混凝土拌合物性能试验方法标准》GB/T 50080 的规定。

表 4.4.6 灌浆套筒连接用灌浆料拌合物的工作性能要求

项目		工作性能要求
流动度（mm）	初始	≥300
	30 min	≥260
泌水率（%）		0

4.4.7 钢筋浆锚搭接连接接头应采用水泥基灌浆料，灌浆料的性能应满足表 4.4.7 的规定。

表 4.4.7 钢筋浆锚搭接连接接头用灌浆料性能要求

项　目		工作性能要求
流动度（mm）	初始值	≥200
	30 min 保留值	≥150
泌水率（%）		0
竖向膨胀率（%）	3 h	≥0.02
	24 h 与 3 h 差值	0.02～0.50
抗压强度（MPa）	1 d	≥35
	3 d	≥55
	28 d	≥80
氯离子含量（%）		≤0.06

4.4.8 钢筋锚固板的材料应符合现行行业标准《钢筋锚固板应用技术规程》JGJ 256 的规定。

4.4.9 受力预埋件的锚板及锚筋材料应符合现行国家标准《混凝土结构设计规范》GB 50010 的有关规定。专用预埋件及连接件材料应符合国家现行有关标准的规定。

4.4.10 连接用焊接材料，螺栓、锚栓和铆钉等紧固件的材料应符合现行国家标准《钢结构设计规范》GB 50017、《钢结构焊接规范》GB 50661 和现行行业标准《钢筋焊接及验收规程》JGJ 18 等的有关规定。

4.5 其他材料

4.5.1 生产预制构件所使用的脱模剂应符合下列要求：

1 脱模剂应无毒、无刺激性气味，不应影响混凝土性能和预制构件表面装饰效果；

2 脱模剂选用前应进行匀质性和施工性能试验；

3 检验结果应符合现行行业标准《混凝土制品用脱模剂》JC/T 949 的有关规定。

4.5.2 预制装配式自保温混凝土外墙板接缝处的密封材料应符合下列要求：

1 密封胶应与混凝土具有相容性，具备规定的抗剪切和伸缩变形能力；

2 硅酮、聚氨酯、聚硫建筑密封胶应分别符合现行国家标准《硅酮建筑密封胶》GB/T 14683，现行行业标准《聚氨酯建筑密封胶》JC/T 482、《聚硫建筑密封胶》JC/T 483 的规定；

3 预制装配式自保温混凝土外墙板接缝处填充用保温材料的燃烧性能，应满足现行国家标准《建筑材料及制品燃烧性能分级》GB 8624 中 A 级的要求。

5 生 产

5.1 一般规定

5.1.1 预制装配式自保温混凝土外墙板构件在生产之前应由生产单位编制专项生产方案。

5.1.2 钢筋、水泥、矿物掺合料、减水剂、骨料、保温材料、预埋件和保温连接件等材料应按照现行国家标准《装配式混凝土建筑技术标准》GB/T 51231 的要求进行检验，检验合格方可投入使用。

5.1.3 对于批量生产的预制装配式自保温混凝土外墙板构件，宜使用钢模具，模具在投入使用前应按照现行国家标准《装配式混凝土建筑技术标准》GB/T 51231 的要求进行验收，在使用过程中也应根据生产方案的要求进行周期性检验。

5.1.4 生产中正常使用的脱模剂每年应进行一次匀质性和施工性能试验。

5.1.5 同一工程项目的同类预制构件宜使用同规格模具的生产工艺。

5.1.6 保温材料宜采用板材，其厚度应为保温层设计厚度，宽度宜依据构件宽度模数定制，长度宜依据多数构件的高度进行定制。

5.2 生 产

5.2.1 在浇筑预制装配式自保温混凝土外墙板的混凝土层之前，应进行隐蔽检验并留置检验记录。检验项目应符合现行国家标准《装配式混凝土建筑技术标准》GB/T 51231 的要求。

5.2.2 采用平置工艺生产预制装配式自保温混凝土外墙板时，应在底层混凝土浇筑完成之后，且在初凝之前，完成保温层的铺设。

5.2.3 保温连接件安装前，应熟悉连接件布置图，并提前做好保温板的切割分块工作。保温连接件的位置、形状、尺寸、型号和方向应与图一致，其位置偏差应符合设计规定，当设计无规定时，其位置偏差不得超过 10 mm。外叶墙板应通过保温连接件不可移动、不能旋转地连接到结构层上。当保温连接件与钢筋位置相冲突时，应当相互避让，无法避开时应由设计单位确认调整方案。

5.2.4 连接内、外叶墙板的保温连接件在生产使用时，应保证其在内、外叶墙中有足够的锚固深度，或者与内、外叶墙板的结构钢筋进行可靠连接。锚固深度和连接方式应符合设计要求，无明确设计要求的，应符合经审批合格的生产方案的要求。

5.2.5 铺设保温板时，应按排板方案进行铺设。对于露出内叶板或外叶板的保温板不宜有双向拼接缝，拼接缝距混凝土边缘不宜小于 300 mm，否则应采取加强固定措施。

5.2.6 预制装配式自保温混凝土外墙板生产时宜采用预置吊环，吊环位置及其规格、型号的确定应在深化设计阶段完成，并在其首件试吊合格后方可进行批量生产。吊环位置的设置应考虑吊点合力与构件的重心重合。

5.2.7 预制装配式自保温混凝土外墙板在生产、存放、运输和安装过程中其保温层和混凝土层不应剥离。当生产工艺不能保证保温层与混凝土之间的吸附力时，生产过程中可采用下列措施：

1 使用带有燕尾槽的保温板防止保温层与混凝土剥离。

2 使用不带燕尾槽或燕尾槽不足的保温板时，可采用板面划槽的方式。铺设前在两面划槽，槽的长度不宜小于板长（宽）的 80%，槽的间距不宜大于 200 mm，槽的宽度和深度宜为 2 mm ~ 4 mm。

3 使用不带燕尾槽或燕尾槽不足的保温板时，可采用增设保温钉的措施。在板宽方向布置两列保温钉，呈梅花状错位布置，同列内间距 500 mm ~ 800 mm。

5.2.8 使用带振动台的流水线分层生产预制装配式自保温混凝土外墙板时，应保证混凝土充分振捣且不过振和重复振捣。对有清水混凝土饰面要求的预制构件，宜将清水面置于模板面进行生产。

5.2.9 生产预制装配式自保温混凝土外墙板构件需要采用加热养护的，最高温度不宜超过 60 °C。

5.2.10 预制装配式自保温混凝土外墙板构件脱模起吊时的混凝土抗压强度值应根据计算确定，且不应低于 15 MPa。构件使用模台翻转机进行竖向整体脱模的，应在混凝土层底部设置可靠的支撑和稳定装置。

5.3 构件运输与存放

5.3.1 预制装配式自保温混凝土外墙板构件脱模、检验和修补后应立即翻身并采用专用支架转入立放状态，支架与墙板接触位置应采用柔软材料隔离，墙板下部应用木枋衬垫。

5.3.2 预制装配式自保温混凝土外墙板构件存放宜采用专用货架，运输宜采用专用货架并妥善固定。可采用存放、运输一体化专用运输拖车。

5.3.3 预制装配式自保温混凝土外墙板构件存放时间不宜超过生产方案规定的存放周期，超期构件应在出厂前和安装前根据设计要求重新进行除混凝土强度之外的全面质量检验。

5.3.4 预制装配式自保温混凝土外墙板构件出厂时的混凝土抗压强度值应符合设计的出厂要求，且不应低于设计强度的75%。

5.3.5 对预制装配式自保温混凝土外墙板应做好保温层的防水和外露钢筋的保护措施。

6 施　工

6.1 一般规定

6.1.1 预制装配式自保温混凝土外墙板安装前，施工单位应编制专项施工方案并通过审核批准。

6.1.2 预制装配式自保温混凝土外墙板、连接材料、拼缝材料应有出厂合格证，并应按国家现行相关标准、规范要求进行入场检验。

6.1.3 预制装配式自保温混凝土外墙板安装用临时支撑材料应有出厂合格证，并应按国家现行相关标准、规范要求进行入场检验。

6.1.4 施工单位应根据预制装配式自保温混凝土外墙板的技术特点，对现场管理人员和作业人员进行专项培训和技术交底。

6.1.5 当预制装配式自保温混凝土外墙板未预埋吊环时，吊绳与墙板间应使用废旧轮胎或木枋等材料隔离。

6.1.6 预制装配式自保温混凝土外墙板上的预留孔洞或预埋线盒等应采取有效措施进行保护。

6.2 施工准备

6.2.1 预制装配式自保温混凝土外墙板正式吊装前应进行试吊装，并按试吊装情况优化吊装方案。

6.2.2 施工前应按专项吊装方案进行现场布置。

6.2.3 预制装配式自保温混凝土外墙板吊装前应检查楼层安装面的标高、平整度、尺寸、外观质量、混凝土强度、预埋件等是否符合现行国家标准《混凝土结构工程施工质量验收规范》GB 50204、现行行业标准《装配式混凝土结构技术规程》JGJ 1的有关规定，是否满足设计文件和安装精度要求。

6.2.4 施工前应对吊装环境进行确认，当环境条件满足施工要求方可进行吊装作业。

6.3 测量与定位

6.3.1 施工前应制订详细的测量计划，确定楼层主控轴线、标高的位置及传递方法，要求楼层主控轴线不少于4根，标高引测点不少于2处。

6.3.2 根据楼层主控轴线引测出预制装配式自保温混凝土外墙板安装控制线，并按吊装顺序进行编号。预制装配式自保温混凝土外墙板安装控制线应符合下列要求：

1 预制装配式自保温混凝土外墙板的长边应有两条控制线，一条为外墙内边线，一条为安装控制线；

2 预制装配式自保温混凝土外墙板的端头应有安装控制线；

3 吊装顺序编号应与吊装方案一致，编号位于预制装配式自保温混凝土外墙板端头安装控制线之间。

6.3.3 安装预制装配式自保温混凝土外墙板时应采用垫铁或使用预制构件中预埋的标高调节件进行水平控制。

6.3.4 工程测量除应满足本标准外，尚应满足现行国家标准《工程测量规范》GB 50026的相关规定。

6.4 构件吊装

6.4.1 起吊设备应有设备制造许可证和产品合格证，并满足吊装方案的设计要求，如使用汽车吊时，应对汽车吊支撑腿区域的地基承载力进行验算，必要时应采取措施以满足承载力要求。

6.4.2 吊钩、钢丝绳、卸扣、吊盘等吊具应通过吊装方案计算后确定其型号、规格、尺寸等参数，并应通过试吊进行验证，验证合格后方可投入使用。

6.4.3 吊装前应核对预制装配式自保温混凝土外墙板的规格、型号及编号，按吊装方案要求的吊装顺序起吊。

6.4.4 起吊钢丝绳与预制装配式自保温混凝土外墙板吊点水平夹角宜大于 60°，不得小于 45°。起吊钢丝绳与预制装配式自保温混凝土外墙板吊点水平夹角小于 60°时，应设置吊梁，尽量使吊环垂直受力。

6.4.5 预制装配式自保温混凝土外墙板吊装时两端应设缆风绳。

6.4.6 预制装配式自保温混凝土外墙板吊装就位后的临时固定措施应在吊装方案中明确，待校准定位并按吊装方案进行临时固定后方可使吊具与构件分离。

6.4.7 预制装配式自保温混凝土外墙板吊装时应缓起、稳升、慢放，避免与其他构件发生碰撞。

6.5 构件安装与连接

6.5.1 预制装配式自保温混凝土外墙板承重板安装时宜采用可

调式螺旋斜撑临时固定，每块构件的临时支撑点不少于2点，支撑点宜位于构件全高的2/3区域，斜撑与楼面夹角应通过计算确定，且不宜大于60°。

6.5.2 预制自保温混凝土墙非承重板安装时宜采用螺栓连接、焊接的方式与主体结构进行连接。

6.5.3 预制混凝土外墙模板宜通过对拉螺杆与竖向构件的内侧模板进行临时固定，对拉螺杆规格及间距应由计算确定。

6.5.4 预制自保温混凝土墙承重板的临时固定应在灌浆料强度达到设计要求后拆除。

6.5.5 采用预制混凝土外墙模板作为外侧模板的竖向构件，应在竖向构件混凝土强度达到设计要求后拆除临时固定。

6.5.6 预制装配式自保温混凝土外墙板安装后，应对标高、位置、垂直度、与相邻构件的平整度等进行校核和调整，自检合格后方可进入下一工序，并应符合下列要求：

1 预制装配式自保温混凝土外墙板侧面中线及板面垂直度的校核，应以中线为主进行调整；

2 预制装配式自保温混凝土外墙板上下校正时，应以竖缝为主进行调整；

3 预制装配式自保温混凝土外墙板接缝应以满足外墙面平整为主，内墙面不平或翘曲时，可在做内装饰时调整；

4 预制装配式自保温混凝土外墙板山墙阳角与相邻板的校正，以阳角为基准进行调整；

5 预制装配式自保温混凝土外墙板拼缝平整的校核，应以楼地面水平线为准进行调整。

6.5.7 预制装配式自保温混凝土外墙板采用钢筋套筒灌浆或钢筋浆锚搭接与结构连接的，应符合下列规定：

1 灌浆作业人员应经专业培训、考核合格后方可上岗，灌浆全过程应有专职质量员旁站监督，并形成施工质量检查记录；

2 灌浆料拌合物的配合比应符合设计要求，拌浆后进行流动度测试，符合设计要求后方可进行现场灌浆；

3 灌浆时的环境温度不宜低于 5 °C，不宜高于 30 °C，如环境温度高于 30 °C 时应对灌浆料拌合物采取降温措施；

4 灌浆料拌合物应在拌制完成后 30 min 内用完，否则应予报废处理；

5 灌浆时应采用压浆法从下部灌浆孔注入浆料拌合物，待浆料拌合物从分仓区域的其他灌浆孔、出浆孔流出时，及时进行封堵，出浆孔封堵后稳压时间不低于 30 s，灌浆料达到设计强度前不得扰动；

6 灌浆完成后应及时清洁构件上的残留灌浆料。

6.5.8 竖向构件采用预制混凝土外墙模板时，应符合下列要求：

1 模板支撑体系应有专项施工方案，应有防止模板、钢筋、构件、预埋件及管线移位的措施；

2 竖向构件混凝土应采用预拌混凝土；

3 竖向构件混凝土宜采用补偿收缩混凝土，其强度等级应符合设计要求，如设计无要求，其强度等级宜高于预制混凝土外墙模板混凝土层的强度等级一级；

4 竖向构件混凝土浇筑前应按相关规定进行隐蔽验收；

5 现浇混凝土的试块留置应按现行国家标准《混凝土结构

工程施工质量验收规范》GB 50204 的规定执行。

6.5.9 预制自保温混凝土墙非承重板采用焊接或螺栓连接的，应符合下列要求：

1 对外露的连接件，应做好防锈、防火处理；

2 除满足本标准要求外，还应符合现行国家标准《钢结构工程施工质量验收规范》GB 50205 的有关规定。

6.5.10 预制装配式自保温混凝土外墙板防水施工应符合下列要求：

1 预制装配式自保温混凝土外墙板分项工程验收完成后方可进行防水施工；

2 预制装配式自保温混凝土外墙板接缝处应清理干净；

3 预制装配式自保温混凝土外墙板嵌缝材料应符合设计要求，耐候密封胶应有与所接触材料的相容性试验报告，并应有成分化验报告和保质年限证书；

4 预制装配式自保温混凝土外墙板接缝处的注胶深度与宽度应符合设计要求；

5 预制装配式自保温混凝土外墙板接缝注胶后应立即清理构件上的多余胶体。

6.6 安全文明施工

6.6.1 预制装配式自保温混凝土外墙板在生产、施工和吊装环节的安全文明施工措施应符合国家、行业和四川省的现行有关标准的规定。

6.6.2 应建立健全安全文明施工管理体系，完善管理制度，制定安全文明生产的目标，施工中宜实行动态管理，达到省级安全生产文明施工标准化工地要求。

6.6.3 施工前应编制应急预案，并按预案要求组织人员进行演练。

6.6.4 做好施工总平面规划，建筑材料按总平面图布置堆放。

6.6.5 群塔施工时应有可靠的防碰撞措施。

6.6.6 焊工、吊装操司工等特种作业人员应持证上岗。

6.6.7 起重设备应在验收合格后投入使用，并按相关规定完成备案手续。

6.6.8 预制装配式自保温混凝土外墙板吊装时应符合下列要求：

1 构件吊装区域应设置警戒线，严禁无关人员进入；

2 起重臂、吊装构件下严禁站人、通行；

3 起吊前应对起重机的安全装置、吊具、吊索进行检查，确认合格后方可起吊；

4 5级及以上大风应停止吊装作业；

5 严格遵守“十不吊”规定；

6 作业层应有可靠的护栏，作业人员应按规定佩戴安全用品，且应站在楼层内操作。

6.6.9 临时固定预制自保温混凝土外墙板的斜撑杆件应可靠连接，与之连接的现浇混凝土构件达到一定强度前，严禁拆除斜撑杆件。

6.6.10 施工现场内主要道路及大门区域应做硬化处理，裸露场地做绿化或覆盖处理。

6.6.11 施工过程中应进行实时噪声监测，将施工噪声控制在昼间 70 dB、夜间 55 dB 之内。

6.6.12 施工现场的废水、污水应经二次沉淀后排入指定污水管网。

7 质量验收

7.1 一般规定

7.1.1 预制装配式自保温混凝土外墙板的验收除应执行本标准外，尚应符合现行国家标准《混凝土结构工程施工质量验收规范》GB 50204、《装配式混凝土建筑技术标准》GB/T 51231的有关规定。

7.1.2 检验批、分项工程的验收程序应符合《建筑工程施工质量验收统一标准》GB 50300 的有关规定。

7.1.3 预制装配式自保温混凝土外墙板接缝施工质量及防水性能应符合设计及国家现行相关标准的规定。

7.1.4 预制装配式自保温混凝土外墙板所用材料的环保性能应符合现行国家标准《民用建筑工程室内环境污染控制规范》GB 50325 的规定。

7.1.5 预制装配式自保温混凝土外墙板验收时应提交以下资料：

1 预制混凝土构件加工合同；

2 工程设计单位已确认的预制构件深化设计图、连接材料的设计文件；

3 预制装配式自保温混凝土外墙板、主要材料及配件的相关质量证明文件、出厂合格证、结构性能检验报告、进场验收记录、抽样复验报告；

4 钢筋套筒灌浆连接的施工检验记录；

5 钢筋浆锚搭接连接的施工检验记录；

6 连接构造节点的隐蔽验收记录；

7 后浇筑节点的混凝土或灌浆浆体强度检测报告；

8 接缝防水检查记录及外墙淋水试验报告；

9 检验批验收记录；

10 质量问题的处理方案和验收记录；

11 密封材料的出厂合格证书、质量证明文件及进场检验报告；

12 其他质量保证资料。

7.2 预制构件

Ⅰ 主控项目

7.2.1 预制装配式自保温混凝土外墙板的品种、规格、保温性能应满足设计及相关标准的要求。

检查数量：全数检查。

检查方法：检查质量证明文件、出厂检验报告。

7.2.2 预制装配式自保温混凝土外墙板的外观不应有严重缺陷，不应有影响结构性能、安装和使用功能的尺寸偏差。

检查数量：全数检查。

检验方法：观察、尺量。

7.2.3 预制装配式自保温混凝土外墙板上的预埋件、预留插筋、预埋管线、预留孔洞等的规格、数量、位置应符合设计要求。

检查数量：全数检查。

检验方法：观察、尺量。

7.2.4 预制装配式自保温混凝土外墙板上的预留穿墙孔洞、脚手眼等，应按施工方案采取隔断热桥和防水措施，不得影响墙体热工性能和防水性能。

检查数量：全数检查。

检验方法：对照施工方案观察检查。

7.2.5 保温连接件的规格、数量、埋置深度应符合设计要求。

检查数量：全数检查。

检验方法：检查质量证明文件、出厂检验报告、尺量。

Ⅱ 一般项目

7.2.6 预制装配式自保温混凝土外墙板的外观质量不应有一般缺陷，对出现的一般缺陷应要求构件生产单位按技术处理方案进行处理，并重新检查验收。

检查数量：全数检查。

检验方法：观察、检查技术处理方案和处理记录。

7.2.7 预制装配式自保温混凝土外墙板的尺寸偏差应符合表7.2.7的规定。

检查数量：按进场检验批，同一规格（品种）的构件每次抽检数量不应少于检验批的5%，且不少于3件。

检验方法：钢尺、靠尺、塞尺检查。

表 7.2.7　构件尺寸的允许偏差及检验方法

<table>
<tr><th colspan="2">项　目</th><th>允许偏差（mm）</th><th>检验方法</th></tr>
<tr><td colspan="2">长度</td><td>±4</td><td>尺量</td></tr>
<tr><td colspan="2">宽度、高度</td><td>±4</td><td>尺量两端及中部，取其中偏差绝对值较大处</td></tr>
<tr><td colspan="2">厚度</td><td>±3</td><td>用尺量板四角和四边中部位置共 8 处，取其中偏差绝对值较大处</td></tr>
<tr><td colspan="2">表面平整度</td><td>3</td><td>2 m 靠尺和塞尺测量</td></tr>
<tr><td colspan="2">对角线差</td><td>5</td><td>钢尺测量两个对角线</td></tr>
<tr><td colspan="2">灌浆套筒中心位置</td><td>+2，0</td><td>尺量</td></tr>
<tr><td rowspan="2">预留孔</td><td>中心线位置</td><td>5</td><td rowspan="2">尺量</td></tr>
<tr><td>孔尺寸</td><td>±5</td></tr>
<tr><td rowspan="5">预埋件</td><td>预埋件锚板中心线位置</td><td>5</td><td rowspan="5">尺量</td></tr>
<tr><td>预埋件锚板与混凝土面平面高差</td><td>0，−5</td></tr>
<tr><td>预埋螺栓中心线位置</td><td>2</td></tr>
<tr><td>预埋螺栓外露长度</td><td>+10，−5</td></tr>
<tr><td>预埋套筒、螺母中心线位置</td><td>2</td></tr>
</table>

续表

<table>
<tr><th colspan="2">项　目</th><th>允许偏差（mm）</th><th>检验方法</th></tr>
<tr><td rowspan="3">预埋件</td><td>预埋套筒、螺母与混凝土面平面高差</td><td>0，－5</td><td rowspan="3">尺量</td></tr>
<tr><td>线管、电盒、木砖、吊环在构件平面的中心线位置偏差</td><td>20</td></tr>
<tr><td>线管、电盒、木砖、吊环与构件表面混凝土高差</td><td>0，－10</td></tr>
<tr><td rowspan="2">预留插筋</td><td>中心线位置</td><td>3</td><td rowspan="2">尺量</td></tr>
<tr><td>外露长度</td><td>±5</td></tr>
<tr><td rowspan="2">键槽</td><td>中心线位置</td><td>5</td><td rowspan="2">尺量</td></tr>
<tr><td>长度、宽度、深度</td><td>±5</td></tr>
<tr><td>保温层</td><td>厚度</td><td>符合设计要求</td><td>尺量</td></tr>
</table>

7.3　安装与连接

Ⅰ　主控项目

7.3.1　预制构件临时固定措施应符合设计、专项施工方案要求及国家现行有关标准的规定。

检查数量：全数检查。

检验方法：观察检查，检查施工方案、施工记录或设计文件。

7.3.2 预制装配式自保温混凝土外墙板采用钢筋套筒灌浆连接或钢筋浆锚搭接连接时，应符合以下要求:

1 灌浆应饱满、密实，所有出口均应出浆。

检查数量：全数检查。

检验方法：检查灌浆施工质量检查记录、有关检验报告。

2 灌浆料强度应满足设计要求。

检查数量：以每楼层为一检验批，每工作班应不少于1组、每个检验批不少于3组40 mm × 40 mm × 160 mm试块，标养28d后测试其抗压强度。

检验方法：检查灌浆料强度试验报告及评定记录。

7.3.3 预制装配式自保温混凝土外墙板底部接缝采用坐浆的，坐浆料强度应满足设计要求。

检查数量：以每楼层为一检验批，每工作班应不少于1组、每个检验批不少于3组70.7 mm × 70.7 mm × 70.7 mm试块，标养28 d后测试其抗压强度。

检验方法：检查坐浆料强度试验报告及评定记录。

7.3.4 预制装配式自保温混凝土外墙板采用焊接连接的，焊缝尺寸应符合设计要求，焊缝质量应符合现行国家标准《钢结构工程施工质量验收规范》GB 50205的有关规定。

检查数量：全数检查。

检验方法：按现行国家标准《钢结构工程施工质量验收规范》GB 50205的规定执行。

7.3.5 预制装配式自保温混凝土外墙板采用螺栓连接的，螺栓的材质、规格、拧紧力矩除应符合设计要求外，尚应符合现行国家标准《钢结构工程施工质量验收规范》GB 50205 的有关规定。

检查数量：全数检查。

检验方法：按现行国家标准《钢结构工程施工质量验收规范》GB 50205 规定执行。

7.3.6 预制装配式自保温混凝土外墙板安装完成后不应有一般缺陷。

检查数量：全数检查。

检验方法：观察、检查处理记录。

Ⅱ 一般项目

7.3.7 预制装配式自保温混凝土外墙板安装完成后，其构件位置、尺寸偏差应符合设计要求，如设计无要求则应符合表 7.3.7 的规定。

检查数量：按楼层、结构缝、施工段划分检验批。按有代表性的外墙部位抽查 10%，且不少于 3 处；对大空间结构，墙可按相邻轴线间高度 5 m 左右划分检查面。

表 7.3.7 构件位置和尺寸允许偏差及检验方法

项　目		允许偏差（mm）	检验方法
构件轴线位置		8	经纬仪、尺量
构件标高		±5	水平仪或拉线、尺量
构件垂直度	≤6 m	5	经纬仪或吊线、尺量
	>6 m	10	

续表

项目		允许偏差（mm）	检验方法
相邻构件平整度	外露	5	2 m 靠尺和塞尺测量
	不外露	8	
支垫、支座中心位置		10	尺量检查
墙板接缝宽度		±5	尺量

7.3.8 预制装配式自保温混凝土外墙板的防水性能应满足设计要求。

检查数量：以每 1 000 m^2 外墙面积划分为一检验批，不足 1 000 m^2 也应划分为一检验批，每个检验批的每 100 m^2 应抽查一处，每处面积不少于 10 m^2。

检验方法：检查外墙淋水试验报告，淋水时间不应少于 2 h。

本标准用词说明

1　为便于在执行本标准条文时区别对待，对要求严格的程度不同的用词用语说明如下：

1）表示很严格，非这样做不可的：

正面词采用“必须”，反面词采用“严禁”；

2）表示严格，在正常情况下均应这样做的：

正面词采用“应”，反面词采用“不应”或“不得”；

3）表示允许稍有选择，在条件许可时首先应这样做的：

正面词采用“宜”，反面词采用“不宜”；

4）表示有选择，在一定条件下可以这样做的：采用“可”。

2　标准中指定按其他有关标准的规定执行时，写法为“应符合……的规定（或要求）”或“应按……执行”。

引用标准名录

1 《建筑材料及制品燃烧性能分级》GB 8624
2 《混凝土结构设计规范》GB 50010
3 《钢结构设计规范》 GB 50017
4 《工程测量规范》GB 50026
5 《混凝土结构工程施工质量验收规范》 GB 50204
6 《钢结构工程施工质量验收规范》GB 50205
7 《建筑工程施工质量验收统一标准》GB 50300
8 《民用建筑工程室内环境污染控制规范》GB 50325
9 《钢结构焊接规范》GB 50661
10 《建筑施工安全技术统一规范》 GB 50870
11 《混凝土外加剂匀质性试验方法》 GB/T 8077
12 《绝热用挤塑聚苯乙烯泡沫塑料（XPS）》GB/T 10801.2
13 《普通混凝土拌合物性能试验方法标准》 GB/T 50080
14 《水泥基灌浆材料应用技术规范》 GB/T 50448
15 《装配式混凝土建筑技术标准》 GB/T 51231
16 《硅酮建筑密封胶》 GB/T 14683
17 《装配式混凝土结构技术规程》 JGJ 1
18 《钢筋焊接及验收规程》 JGJ 18
19 《建筑机械使用安全技术规程》 JGJ 33
20 《施工现场临时用电安全技术规范》 JGJ 46
21 《建筑施工安全检查标准》 JGJ 59

22 《建筑施工高处作业安全技术规范》 JGJ 80

23 《钢筋机械连接技术规程》 JGJ 107

24 《钢筋焊接网混凝土结构技术规程》 JGJ 114

25 《钢筋锚固板应用技术规程》 JGJ 256

26 《建筑施工临时支撑结构技术规范》 JGJ 300

27 《钢筋套筒灌浆连接技术应用规程》 JGJ 355

28 《钢筋连接用灌浆套筒》 JG/T 398

29 《钢筋连接用套筒灌浆料》 JG/T 408

30 《聚氨酯建筑密封胶》 JC/T 482

31 《聚硫建筑密封胶》 JC/T 483

32 《混凝土制品用脱模剂》 JC/T 949

33 《四川省建筑工业化混凝土预制构件制作、安装及质量验收规程》DBJ51/T 008

34 《四川省装配式混凝土结构工程施工与质量验收规程》DBJ51/T 054

四川省工程建设地方标准

四川省预制装配式自保温混凝土外墙板生产、施工与质量验收标准

Production, construction and quality acceptance standard for the precast assembled self insulating concrete exterior wall panel in Sichuan Province

DBJ51/T 111 – 2019

条 文 说 明

制定说明

《四川省预制装配式自保温混凝土外墙板生产、施工与质量验收标准》DBJ51/T 111－2019，经四川省住房和城乡建设厅 2019 年 3 月 12 日以建标〔2019〕150 号文公告批准发布。

为了便于广大生产、施工、科研、质监等单位有关人员在使用本标准时能准确理解和执行条文规定，《四川省预制装配式自保温混凝土外墙板生产、施工与质量验收标准》编制组按章、节、条顺序编制了本标准的条文说明，对条文规定的目的、依据以及执行中需要注意到的有关事项进行了说明。但是，本标准的条文不具备和标准正文同等的法律效力，仅供使用者作为理解和把握标准规定的参考。

目　次

1 总 则

1.0.1 近年来，国家大力推广装配式建筑，其技术水平呈现上升发展的趋势，应用前景广泛。四川省在推广应用中也取得了一定的经验，包括构件生产、施工与质量控制等。预制装配式自保温混凝土外墙板作为最重要的构件之一，迫切需要相应的标准来指导生产、施工与质量验收。为了促进建筑装配式的发展，并推广应用装配式建筑，特制定本标准。

2 术 语

2.0.1 预制自保温混凝土墙承重板、预制自保温混凝土墙非承重板和预制混凝土外墙模板的区别在于构造形式和连接方式。前两种为俗称的三明治夹芯板，后一种是作为墙体外模板整体浇筑的。预制自保温混凝土墙承重板一般通过钢筋套筒灌浆或钢筋浆锚搭接与主体结构进行连接，而预制自保温混凝土墙非承重板一般通过螺栓或焊接与主体结构进行连接。

2.0.8 钢筋浆锚搭接连接，是将预制构件的受力钢筋在特制的预留孔洞内进行搭接的技术。构件安装时，将需搭接的钢筋插入孔洞内至设定的搭接长度，通过灌浆孔和排气孔向孔洞内灌入灌浆料，经灌浆料凝结硬化后，完成两根钢筋的搭接。其中，预制构件的受力钢筋在采用有螺旋钢筋约束的孔道中进行搭接的技术，称为钢筋约束浆锚搭接连接。

3 基本规定

3.0.1、3.0.2 预制装配式自保温混凝土外墙板的协同设计工作是工厂化生产和装配化施工的前提。预制装配式自保温混凝土外墙板设计应统筹设计、生产运输和施工，进行建筑、结构、机电、室内装修等专业一体化的设计，同时宜运用建筑信息模型技术，建立信息协同平台，将预制装配式自保温混凝土外墙板设计、生产、施工等各环节联系为一体化管理，提高设计、制作和施工各阶段及各专业之间协同配合的效率以及一体化管理水平。

3.0.3 深化设计是预制自保温混凝土外墙板投入批量生产的前提，一般包含吊环、预埋管线、预留洞等信息。保温连接件的设计文件宜由设计单位编制，也可由保温连接件生产企业编制，应由设计单位复核认可。

3.0.4 考虑到钢筋与保温连接件的布置因素，混凝土层厚度宜适当加大。

4 材 料

4.1 一般规定

4.1.1 预制构件生产厂自行拌制混凝土的，宜采用散装水泥。

4.1.4 保温连接件是涉及建筑安全和使用功能的重要部件，必须进行型式检验，且型式检验项目应覆盖需求项目。

4.3 保温材料

4.3.1 由于预制自保温混凝土外墙板采用夹芯保温构造形式，若要求保温材料具备良好的阻热能力，则应采用导热系数小的材料。又因保温材料的吸水率对保温效果和墙体质量会造成巨大影响，故又严格地限制了材料的吸水率。常用保温材料中的泡沫聚苯乙烯板（EPS）、挤塑聚苯乙烯板（XPS）、聚氨酯板（PU）能符合要求。但因这些材料均属于可燃材料，依据《装配式混凝土结构技术规程》JGJ 1 的规定，其燃烧性能不应低于 B_2 级。在这些材料中，考虑成本、保温性能、文明生产与施工等因素，推荐使用 XPS。

5 生　产

5.1 一般规定

5.1.2 根据生产工艺、设备特性、原材料，试验确定混凝土基准配合比，在生产中依据环境条件和原材料状态进行适时调整。

5.1.3 模具是预制构件尺寸准确的主要控制手段，应保证用于生产的模具处于合格状态。

5.1.5 因同一项目楼层高度基本相同，故构件高度也基本相同。本条规定有利于提高构件保温层的加工效率，并利于材料节约。在生产过程中，保温板在厚度方向上不应分层。

5.2 生　产

5.2.1 目前的技术手段尚不能经济地对混凝土预制构件进行结果质量检验，必须通过可靠的过程控制措施保障产品质量，而隐蔽检验是过程控制的关键环节。

5.2.2 本条规定的目的在于控制构件生产工序之间的时间间隔，使保温板与混凝土层的黏结全部在混凝土凝结之前完成。

5.2.3 保温连接件与钢筋位置冲突的相互避让指：钢筋容易弯曲且允许弯曲时，钢筋避让保温连接件；钢筋不易弯曲或不允许弯曲时，保温连接件避让钢筋。对于避让后超过偏差标准的情况，均应由设计单位确认其调整方案。

5.2.7 该条是防止保温板与混凝土层剥离的具体措施。对于保温板露出内叶板或外叶板的区域，宜增设加强固定措施。

带有燕尾槽的保温板如图 1 所示。

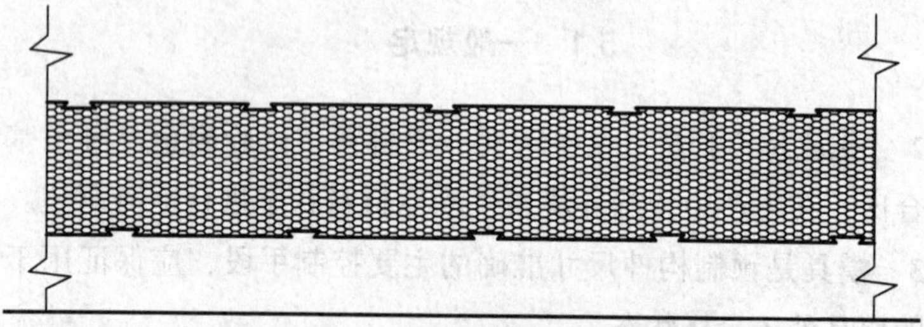

图 1　保温板的燕尾槽示意

5.2.8　本条规定是保证构件内部混凝土质量的重要措施。在预制自保温混凝土外墙板生产时，一般先对外叶板进行浇筑，在振捣合格后铺设保温板；如有内叶板的，在铺设好保温板后安装内叶板的钢筋和模具，检查合格后进行内叶板的混凝土浇筑和振捣。在第二次的混凝土振捣中，需要注意避免外叶板混凝土的过振，可采取一次浇筑采用振动平台，二次浇筑采用振捣棒的工艺方式。

5.2.9　超过本条规定的养护温度会对保温层造成不利影响，过高的温度甚至会引起保温层变形而导致产品报废。

5.2.10　对于有窗洞以及与底模接触的部分有凹凸的构件，其脱模吸附力较一般平面构件大，且棱角更多，需要更高的脱模强度。一般预制构件的脱模强度不能达到设计强度，因此应增加支撑，防止保温连接件过早地承受剪切力，特别应注意避免完全由外叶板底部支撑受力。

5.3 构件运输与存放

5.3.1 与平放相比，立放与外墙构件的设计受力条件更相符。

5.3.2 国外及国内的部分厂家已经采用了集存放和运输为一体的专用运输拖车，有利于加快构件产品的周转，属于先进的技术。但其成本和对管理水平的要求较高，我省的基础较差，仅作推荐性要求。

5.3.5 需采取保护措施的预制自保温混凝土外墙板既包括现场堆放的，也包括工作面临时固定的。

6 施 工

6.1 一般规定

6.1.1 施工单位应结合装配施工特点，针对构件堆放、吊装、安装等施工安全要求，制订系列安全专项方案并完成审批手续，属于超过一定规模的危险性较大分部分项工程的，施工单位应组织专家对方案进行论证。

6.1.4 预制装配式自保温混凝土外墙板施工具有其固有特性，应设立配置与其相匹配的项目部机构和人员。在施工前应对相关工作人员进行培训和技术、安全、质量交底，培训和交底对象包括一线管理人员和作业人员、监理人员等。

6.4 构件吊装

6.4.2 吊装设备应根据构件吊装需求进行匹配性选型，安装施工前，应再次复核吊装设备的吊装能力、吊装器具和吊装环境，满足安全、高效的吊装要求。

6.5 构件安装与连接

6.5.1 竖向构件临时斜撑一般安放在其背面，且一般不宜少于2道。当墙板底没有水平约束时，墙板的每道临时支撑包括上部斜撑和下部支撑，下部支撑可做成水平支撑或斜向支撑。

6.5.5、6.5.6 临时固定拆除时，需检查预制装配式自保温混凝土外墙板经过安装后的连接情况，确认其已与主体结构形成稳定的受力体系后，方可拆除临时固定。

6.5.7 要求对灌浆作业形成施工质量检查记录，是使灌浆作业的过程质量控制可追溯;灌浆作业时是否要求监理人员旁站监督，根据工程情况由责任主体决定；施工验收后，如对套筒灌浆连接接头质量有疑问，可委托第三方独立检测机构进行非破损检测。

6.5.10 预制装配式自保温混凝土外墙板防水宜采用构造防水和材料防水相结合的方式，水平缝可参考图 2，竖向缝可参照图集《预制混凝土剪力墙外墙板》15G36-1。

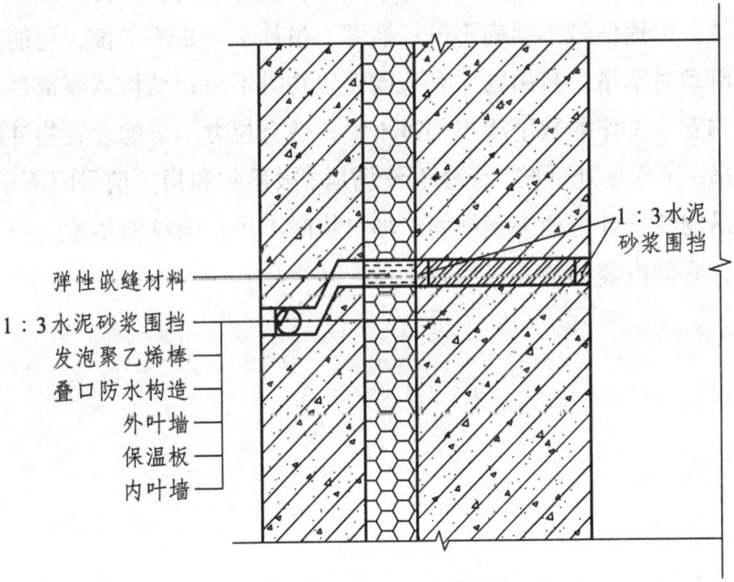

图 2　水平缝防水构造大样

6.6 安全文明施工

6.6.1 施工安全除应符合本标准规定外，尚应符合现行国家、行业标准《建筑施工安全技术统一规范》GB 50870、《建筑施工安全检查标准》JGJ 59、《建筑施工高处作业安全技术规范》JGJ 80、《施工现场临时用电安全技术规范》JGJ 46、《建筑施工临时支撑结构技术规范》JGJ 300、《建筑机械使用安全技术规程》JGJ 33 等的相关规定。

6.6.8 施工现场“十不吊”通常是指：超载或被吊物重量不清不吊；指挥信号不明确不吊；捆绑、吊挂不牢或不平衡，可能引起滑动时不吊；被吊物上有人或浮置物时不吊；结构或零部件有影响安全工作的缺陷或损伤时不吊；遇有拉力不清的埋置物件时不吊；工作场地昏暗，无法看清场地、被吊物和指挥信号时不吊；被吊物棱角处与捆绑钢绳间未加衬垫时不吊；歪拉斜吊重物时不吊；容器内装的物品过满时不吊。

7 质量验收

7.1 一般规定

7.1.1 当预制装配式自保温混凝土外墙板在施工现场生产时，应按现行国家标准《混凝土结构工程施工质量验收规范》GB 50204的有关规定进行验收。

7.1.2 预制装配式自保温混凝土外墙板整体归类为主体分部-混凝土结构子分部-装配式结构分项工程，其中保温部分归类于建筑节能分部-围护系统节能子分部-墙体节能分项工程，外叶板面装饰部分归类于建筑装饰装修分部工程-饰面砖子分部二程和外墙防水子分部工程。

7.1.4 民用建筑工程及其室内装饰装修工程验收时应检查建筑材料和装饰材料的污染物检测报告、材料进场检验记录、复检报告。

7.2 预制构件

7.2.1 对专业企业生产的预制构件，质量证明文件应包括产品合格证明书、混凝土强度检验报告及其他重要检验报告等；预制构件的钢筋、混凝土原材料、预埋件等均应按照国家现行有关标准的有关规定进行检验，检验报告在预制构件进场时可不提供，但应在构件生产单位存档保留，以便需要时查阅。

7.2.2 对于出现的外观质量严重缺陷，影响结构性能和安装、使用功能的尺寸偏差，以及拉结件类别、数量和位置有不符合设计要求的情形应作退场处理。如经设计同意可以进行处理后使用，则应制订处理方案并获得监理确认后，由预制构件生产单位按技术处理方案处理，处理后应重新验收。

7.3 安装与连接

7.3.8 预制装配式自保温混凝土外墙板的接缝防水施工是非常关键的质量检验内容，是保证外墙防水性能的关键，施工时应按设计要求进行选材和施工，并采取严格的检验验证措施。考虑到此项验收内容与结构施工密切相关，应按设计及有关防水施工要求进行验收。